随笔
Essays

2

不如做植物　　茹茹萍————————————————————　著　重庆出版集团
重庆出版社

I 2 3

2
随笔
Essays

Contents

Chapter—01 ————

绿·自在

绿是植物

绿是心安

忘记了是因为绿色才喜欢上植物

还是因为植物才迷恋上绿色

只记得一见到绿

眼里就会不由自主填满笑意

这就像是一种天生的能力

自然而然地存在着

爱上植物

只是跟从内心的一次选择

没有真正
虚度的时光

梦想最初的样子是喜欢。会因为喜欢某物而幻想起将来，也会因为喜欢某人而学会期待。我喜欢过太多的东西，并坚信只要喜欢了就该去尝试，只要尝试了就有机会成为。

刚上美院那会儿，我去人文学院图书馆当志愿者，整理一批法国捐赠的艺术文献。当时，我不知道被什么猛地击中了，也许是外版图书的

装帧，也许是印刷在铜版纸上的高清图片，也许是那些我虽然看不懂却觉得很美的小语种文字。总之，那算是我第一次迷上欧洲艺术。我心想，要是能读懂这些书，那该多棒啊。恰好有个同学学过法语，在她的推荐下，我去法国大使馆的法盟报名学习，整个大一寒假都在北京度过。

如今，虽然那些繁复的法语语法早已忘记，我却一直记得那个寒假，从北京东北角的中央美院坐公交车到西三环北外的每个清晨。

进入大二，我和好友们一起办了独立杂志《艺述》——希望可以从同学那里获得更纯粹的艺术"声音"，希望展现给大家的艺术观点不是"大师"们或者媒体咀嚼过的那些论调。几个女生打了鸡血似的奔走于各个学院之间，寻找愿意和我们分享艺术观点的师生。那些日子里，最难得的不是一道起床一同吃饭，而是一起那么强烈地想做好一件事。我们之间有过欢声笑语，有过互相鼓励，也有不断磨合下的一次次争吵。我不止一次问自己，为什么明明知道不该争吵，可还是控制不了自己？

恰好，那年我有幸接触到"艺术治疗"。开始明白，人的左脑掌管数字、逻辑等，偏理性；右脑则擅长偏感性的色彩、音乐、情绪等。左右大脑难以互相控制，所以我们往往会纠结于明知道这样不对（左脑），却控制不了自己（右脑）。艺术治疗是希望通过同属于右脑掌管的色彩、音乐等来控制、疗愈情绪……这对当时的我而言，简直就像发现新大陆一样，之后每次画画都会感觉神圣好多，觉得不是在表达所画的物体，而是在同自己的情绪对话。我发现，内心纠结之时，

画上几笔或者看一场画展，精神就会放松下来，看待所纠结之事的角度也会有所不同。

这让我有些说不出来的感动，原来沟通并不是解开内心之结的唯一方式。可惜当时在国内并没有艺术治疗这个专业。艺术治疗在国外属于心理咨询专业范畴，所以对心理学知识的要求较高。为了能申请到国外学习艺术治疗的机会，我不得不从零开始学习心理学并考得相关证书，同时还需要兼顾托福考试与本科专业的学分。

我想要出国学习艺术治疗，家人是不反对的，只是在准备递交申请书的时候，妈妈给我发了一条微信——"你原本面对的是最美的东西（艺术），你确定要去面对最糟的东西（人的心理）吗？"

我开始问自己，是否足够强大、足够乐观到可以接受那么多人心里隐秘负面的东西。我也开始明白，自己还是喜欢艺术的，而对心理学的向往，更多是出于对自己心理的好奇，从单亲家庭走出来的孩子，似乎总会在心里默默觉得自己和别人不一样。

所以我终究还是留在了花家地南街八号（中央美院所在地）。

2013 年是课业繁忙的一年，我却着迷于在美院称不上专业的沙画。得知最有名的沙画老师正在北京开设课程后，我利用课余时间频繁往返于北京东西两端。当时满脑子都是"沙子""沙子""沙子"，以至于每天回学校换衣服时发现口袋里都是沙。沙画不同于普通绘画，它更像一部短片，你只能用最简单的沙子来表达画面，并且每个画面的过渡转化都需要足够精彩。这需要极快的反应速度与创新能力。这种挑战，正是它吸引我的地方。

出师后，恰逢妈妈生日，我即兴为她创作了一次母爱主题的沙画，她很开心。可是最后我并没有成为沙画师。因为沙画需要录制成视频，我央求家里买了单反相机。其实，我是迷恋那时最火的旅游摄影。相机到手没几天，就和朋友两人订了机票——在 2013 年年底的寒假，我偷偷开始了人生的第一次穷游，目的地是伊朗。

15 天，7 个城市，2000 多元。

我们甚至放弃了地图，只带了一本《孤独星球》（*Lonely Planet*）。每到一个新城市，我们关心的不是景区和住处距离多远，而是当地的 bazar（市集）怎么走。这是伊朗人真正的 supermarket。一圈逛下来，几乎可以把一生需要用到的东西都买齐。

这里通行波斯语，懂英语的估计十个人里才有一个，但语言障碍丝毫没有影响我们感受对方的热情。一路下来，我们发现哪怕只会波斯语"salam"（你好）、"mounon"（谢谢），再加上满脸诚意的微笑，在这个国家也可以玩得很好。

伊朗是个实行政教合一制度的国家，人人都有信仰。你会发现他们在门口摆放点心给赶路人解饥。迷路了，也会有人很热情地给你指路，哪怕这和他要去的方向完全相反。最重要的是，他们一点也不排斥我的大镜头，甚至会朝我喊"photo！""photo！"，露出特别温暖坦

诚的笑容，希望我给他们拍照。

15 天，每天平均 600 多张的拍摄量，以至于那几天吃饭拿餐具时右手食指都是按快门般的惯性抖动。这算是开始了单反入门。

朋友看到我在伊朗拍摄的照片，都觉得刚入门就能拍成这样简直太棒了。其实异域风情的摄影因为不同于日常所见，都容易出彩。但是我由衷庆幸以伊朗之行开始我的摄影之路。毕竟最美的不是风景，是人情。在伊朗见到的人们让我明白摄影技术并没有那么重要，重要的是拍照人的角度和被拍人的态度。

所以，一晃三四年过去了，我还是分不清点测光和评价测光有什么区别。但是我仍然拍出了让自己开心、让对方高兴的照片。

我承认，这样的大学生活是有点不按常理出牌的。看起来我做了那么多虚度光阴的事，用朋友打趣的话说，"始于一时兴起，终于半途而废"。

或许只有尝试过，才能明白是喜欢还是热爱。

就像遇到喜欢的人就会告白，因为只有在一起了、相互磨合了，才知道会不会爱。尤其是在对世界充满探索欲的大学时期，没有这些"试错"的经历，或许我永远不知道哪个兴趣是最爱的，哪个爱好是我愿意为之努力一生的。

爱好，只是爱就好；而愿意废寝忘食者，需好爱。

大四来临时，同学们忙着出国、考研、实习，我却有点掩耳盗铃地告诉自己毕业季还远。

"你会的技能也不少，其实可以考虑自己成立工作室。"

刚听到贝塔的这句话时我惊了一下。虽然我挺爱折腾，这却是我从没想过的一种选择。在我不知道做什么的时候，突然有一种新可能出现，很自然地，我就抱着惯有的尝试心态开始了工作室的设想。

可是技能终究是工具，需要依托于内容，才能发挥最大价值，人的精力也是有限的。所以，这个工作室需要有个主题，它能够把我会的摄影、绘画、手作等技能都运用起来。

而"植物"成了第一个跳进脑海的词汇。南方人对植物的喜爱就像对温白开的情感，天生的自然而然，并没有特别渴望，却又深知不可或缺。

"一朵"这个名字并不够酷，但和英文单词"adore"的发音神似，恰好"adore"的意思是"喜爱"，一如我对植物的情感。

两个月后，我怀着紧张的心情，在圣诞节那天推送了"一朵"公众号的第一篇文章。内容是手绘的女性头像上，粘了一朵干燥植物做的头花。这算是一个新鲜玩意儿，朋友圈很快就传开了。现在回忆起来，突然发现，自己的第一篇推送、第一个作品，就已经暗示了最适合自己的创作形式。

2016年4月，临近毕业，而我也恰好坚定了毕业后继续做植物工作室的想法。我决定尽早回到福建老家。水分丰沃的地方还是适合我的。

对于毕业，我似乎挤不出太多离愁别绪。一直以为是对大学生活没有留恋，没有感情，回厦门的路上我突然明白，很多时候我们舍不得原来的环境，是因为对将来的世界怀有不安的心态，而我恰好在这个时候有了"一朵"，有了毕业后确定要做的事情。

一个人创业并不那么容易，哪怕你做的是最喜欢的事情。无尽的琐事、对新环境的不适应、收入的不稳定以及创作的"瓶颈"……这些问题相继而来，打磨着我这颗"放荡不羁爱自由"的心。一开始的日子是充满抱怨的，边抱怨早起边做早饭，边抱怨公交车不及时边跟着人潮往上挤。直到无意间听人说起一个故事：对着一棵草埋怨，它会枯萎。

我一下子对工作室里的植物们充满了愧疚之心。我从事着几乎是世界

10- 南方雨水丰沛，
院子里种什么植物似乎都很容易

11- 接近亚热带气候的闽南，
四季如春，植物常绿

上最幸福的职业，却没有养成配得上它的心态。

我的改变，是从放慢生活节奏开始的。

学会好好做一顿饭给自己，哪怕只是一人食；学会好好面对自己的负能量，哪怕这是逃避多年的症结。好好地，向植物学习，放慢脚步，修身养性。并不是每次出发都有明确的目的地，一个人旅行、一个人生活、一个人创业，都是一次次的漫长修行。如天地间各自独立的树，并不是为了成为某种有用之材而拼命生长，或许它只是想长成一棵大树，可以接近阳光，可以鸟语花香。

大学里那些看似徒劳的不断尝试，那些费力掌握的技能，在当时看来，和我学习的艺术史专业、实习简历、考研统统无关。可某种程度上，也正是那些徒劳的日子，让我在后来走得更远。

"一朵"的定位一直很明确——发现植物美的更多可能。这个初衷一直未变。而要做这样一个符合我内心期许的植物工作室，一个可以自负盈亏的工作室，我是需要有个团队的，起码需要一名摄影师、一名美工、一名文案、一名产品经理，以及最好有个植物学家当顾问……而我刚好会点摄影、会点排版、会点文案、会点心理分析，以及刚好有几位研习植物学的朋友。

技能虽说并不精通，但是还算够用。一切都那么刚好。

或许，没有真正虚度的时光，那些你试过的错，终将以另一种方式成就你的现在。

与自己对话的
最佳方式

我回到黑土先生的故乡，一个完全陌生的地方。

有人问我："你在山里不会无聊不会孤单吗？"

我顿了顿："还真没想过这个问题。"

"与植为伴，手作成物"的两年时光，最大的改变其实正是心境。

离家的时间比较早，大概小学就开始住校，也许是长期一人独立在外生活，也许是成长在单亲家庭的缘故，虽然一路上总是告诉自己要保持积极阳光的状态，可是某些性格里的悲观、敏感甚至是自卑仍时常若隐若现。

对"一朵"的坚持，一开始也并不被看好。在很多人眼里，"一朵"并没有什么"钱途"。"茹萍也是个奇怪的人啊，放弃好的工作不做，跑到山里搞植物手作。"那时候，他人一句有意或无心的评价，总会使我耿耿于怀，甚至怀疑自己的能力，模糊出发的初衷。如果这真的只是一场与他人言论较量的成长，而我又入戏太深的话，理想可能早

就夭折在路上了。

而将我引回正途的，其实也是"一朵"。因为"一朵"，我越来越相信吸引力法则——心存积极念想，努力做好想做的事，自然会有对的人为你开门。我把这一切归结于植物给我带来的能量。每天与植物相处，看着这些森之精灵，总不舍得把世界想得太差吧？

大二那年我十分迷恋心理学，并计划去美国芝加哥艺术学院就读艺术治疗专业，后来由于种种原因未能成行，但是努力考取的国家心理咨询师证书却一直保留至今。在我无意间接触到美国心理学家米哈里·齐克森米哈里 (Mihaly Csikszentmihalyi) 提出的"心流" (flow) 理论后，好像突然间很多疑惑都找到了落脚点：为什么我心情不佳就会想画画，为什么手作让我感到快乐并愿意终身投入……

齐克森米哈里观察到艺术家、棋手、攀岩者以及作曲家等几类人，在工作的时候几乎是全情投入，经常忘记时间以及对周围环境的感知，这些人参与他们的个体活动都是出于某种乐趣，而这些乐趣来自于活动的过程，物质报酬是极小或不存在的。这种由全神贯注所产生的体验，齐克森米哈里称之为"心流"，即"一种将个人精神力量完全投注在某种活动中的感觉"，心流产生的同时会有高度的兴奋及充实感，甚至可以起到一定的减压效果。

处于植物艺术创作中的我，也是进入心流状态的。我想这不同于绘画，它不仅仅是一项我喜欢并愿意全神贯注去完成的活动，更重要的是，这项活动里有植物的参与。我想没有人会不喜欢植物吧？这是一种天生就讨人欢喜的存在。后来发现美国有专门的园艺疗法协会，我才恍然大悟，原来这些精灵，一直以来都在治愈我们的身心呀。

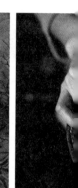

至此，我算是以自己浅薄的心理学知识，为自己长期迷恋植物手作找到了一个理论基础。

也正是植物手作带给我的体验，让我萌发了创作"森林盒子"的想法，这是"一朵"独创的艺术形式——植物手作装饰画，即将手绘画作与各类干燥植物组合成新的作品。这也是一朵工作室正式推出的第一个系列产品。每一个"森林盒子"都有自己的故事。我在公众号上发布DIY"森林盒子"的免费课程，同时售卖材料包。材料包由"植"与"物"两部分组成。"植"包括各路收集来的一些干燥植物、保鲜植物，"物"则包括我原创的图画一幅。

选择材料包这种形式，一方面是因为像"心流"这样的体验，不是一篇文章、几张图片可以传达的。我希望通过"森林盒子"材料包的方式让有兴趣的读者参与植物手作。我希望可以让用户更全面地了解到每种植物不同部位的特征，既能看到最美的花头，也会摸到最干瘪的花蒂，而不仅是成品里想让人看到的"最美一面"。

另一方面，我不觉得"森林盒子"是一件普通的商品。它是绝对的独一无二。植物是有季节性的，大多数"森林盒子"都会限量出售，今年卖完只能等明年。没有完全相同的植物，也就意味着购买者不可能收到完全相同的"森林盒子"。这样一个独一无二的商品，因为每一个购买者的参与，变得不只是不同，而是别具意义，甚至重赋生命。

我曾在一个展览前言里写道："植物是最自然的存在，手作是最让人安下心的状态。"在植物手作的过程中，我慢慢体会到，手作也好，绘画也好，看似创作的、描绘的是万物，其实对话的是自己。甚至可以说，是植物手作教会了我如何与自己对话——真正的独处不是变得孤僻，而是学会从自己的内心寻求安全感。

植物手作，对我很明显的影响就是改变了我的脾气。确切地说，是让急脾气的人找到了释压口。过去的自己每天都有计划，都要按点高效率完成。可是手作是由不得你的，越是急躁越成不了。磨着磨着竟也坚持了下来，做事虽然偶尔会急，但起码不躁了。也越来越明白，一个人拥有好的状态，远比一份高收入让人安然自在。

有些采访里会说我能为理想而工作是极其幸运的事，我想，我不是为了理想工作，而是为了更好的自己而活。

毕竟，植物手作成就的是我，而不是我的梦想。

植物与艺术的
初尝试

此前有采访里称我为植物艺术家，我是颇喜欢这个称呼的，可什么是植物艺术我却不太清楚，似乎当下并没有一个特别合适的概念。但路子总是从无到有的吧？我仍然想在植物与艺术之间做些尝试——以植物为媒介，结合我喜欢的艺术形式，向大众传达一些观念。我还有一点不大不小的私心：要是能给大家带来一些对植物对艺术甚至对这个世界的思考，那就简直不能更好了。

有关媒介——用什么画？

植物是我能想到的最亲切的媒介。

但以植物为创作媒介，一开始我是胆怯的。毕竟，喜欢花花草草在美院可是一点都不酷。可我也确实是喜欢植物的，以至于一毕业就回到南方，后又搬到山里。

有时候也会恍惚觉得自己不曾是美院的人。但在别人对我的介绍里，第一行总是赫然写着"毕业于中央美术学院"。每每看到，多少有点小纠结，直到毕业后一年多的某天，我收到美院周博老师的邀请，回母校分享"一朵"的理念。我表面上是客套又谦虚的，但内心却犹如野生动物们呼啸而过般激动万分。

于我而言，这场分享的意义更胜于举办一次个展。也是在那场分享过后，我领悟到此前那伴随我的小纠结不过是一种矛盾——一方面我是如此以母校为傲，而另一方面我又担心自己的作品是否称得上艺术创作。

趁着此次分享，我和老师探讨了一直以来的担忧：以植物为媒介是不是一种创作？植物艺术会不会被学院派认可？

老师说，艺术里没有绝对的标准，也不会有媒介的高低。重要的是，表达了什么。同时要记住你是植物艺术家，不是植物装饰家。

我很认真地听完，记进了心里。这让我清晰了自己的定位，也让我更加心安。我终究还是在意美院对我的认可，就像穿了一件新衣服，总是希望听到别人的赞美吧，何况是一件几乎没人穿过的衣服呢。

有关方式——怎么画？

我过去一直认为杀鸡用牛刀，做出来的菜才会好吃。哪怕做一组花艺作品，从艺术的高度入手，做出来的想必也有不一样的风采。

然而，在我开始创作的时候，当我站在艺术的高度看待植物的时候，竟不知从何下手。

后来读了《台湾草木记》，里面写到"我们需要跪下来与植物平视"。我突然明白，植物本是一种天然艺术，它美得几乎无人不爱。我又何必用过于厚重的艺术形式去矫揉造作它们呢？

所以说，鸡肉本来就是好吃的，无关乎你用的是牛刀还是羊刀。

这种想法在我第一次举办个展的时候体现得更为明显。那次展览的主题叫"植觉"，由于准备时间仓促，作品的艺术形式被我有意无意地弱化了，而主要去表现植物各种美的可能性，目的在于唤醒观众视、听、嗅、触等知觉。

开幕式后的第二天，朋友发来一条微信，大意是身为中央美院出身的艺术家，怎么净做些取悦视觉的能工巧匠式的作品，光是好看没有深意。

对于朋友的坦诚，我有点惊讶却也在意料之内。我还是要感谢她的，毕竟这年代愿意说逆耳话的人确实不多了。

我想我知道她认为的我该呈现的作品是什么。

我不是不会深刻，只是我宁愿如小孩般天真。

于我而言，艺术创作，要么言志，要么启智。如果可以通过美好的事物达到启迪大众的效果，那为何要以苦大仇深黑白灰的方式强迫大众去体验苦难？我并不是否认苦难的力量，只是希望能够寻找更多元的形式来表达植物、表达理念。

而在我发现更合适的艺术形式之前，我希望自己是无为的，起码不将太多的艺术形式强加在植物身上。我甚至希望自己可以忘掉植物的名字、植物的寓意，就像个孩子一样对每片叶子都保持新奇。

有关内容——画了什么？

有时候我们很在意外界有没有接收到我们的话语，却往往忽略了内心是否听到过自己的声音。

我们在刚和这个世界接触的那一瞬间，就迫切地用嚎哭证明自己的到来。然后一辈子都在学习如何表达自己，如何与世界交谈，或是通过多国语言，或是通过诗歌，或是通过音乐，或是通过绘画……却从没想过也没能好好与自己谈谈。

在表达自己和对自己表达这两种方式里，我挣扎了很久。

我不是一个安全型人格的人，我容易敏感，也会多虑，时常自卑，又偶尔自负。有一段时间，我每天都在绞尽脑汁想着画点什么才能体现自己的与众不同，但越是着急越是没有头绪。那时候我还是很在意别人怎么看待我、评价我的。

看着我一个人瞎纠结，先生黑土却一如既往笑得人畜无害，有时候我会有冲动想掐他几下找找灵感泄泄愤。他确实是从来都一副无所谓的样子，倒不是那种小年轻目中无人的无所谓，而是一种站在局外看待事情的淡然与冷静，哪怕这个局里的主角就是他。也确实是他，让我

看到另一种处世的模样，让我相信这世上可能并没有绝对的真实，如果有的话，或许就存在于你自己感受到的主观世界里。相对于我画了什么、画得像不像、有没有被夸奖，我画了点东西，然后释放了点自己似乎更为重要。

这样想来，我也确实没有多大的野心要用艺术改变人类，但我不得不承认艺术作为我与自己交谈的一种语言，早已内化成身体的一部分，并对我产生极大的影响。这样的对话方式，让无法言谈的那部分以一种更舒适的方式释放出来。我时常觉得自己是极幸运的，能够在不算太老的年纪里，发现自己的本质缺陷并有机会自我疗愈。与其说这是一场对话，不如说是一场修行，而今，这场修行因为植物的参与而更具仪式感。

Chapter—02 —————

—— 咖·成熟

咖色

让人想起落叶归土

几乎是最接近大地的颜色

含蓄内敛中又带有温度

像极了妈妈给我的爱

我和妈妈一路走来

好不容易才成长为合格的亲人

谢谢你是我的母亲

我小时候是外婆带大的。外婆对我这个外孙女是最疼爱的，但她却和书上描写的慈祥老奶奶不太一样。这是一个漂亮和暴脾气同样远近闻名的厉害女人，典型的刀子嘴豆腐心。听老妈讲，她自小家里清贫，外公在外地工作，外婆一人把家里四个孩子拉扯长大，十分不易。而老妈也是一直被外婆当男孩养，吃了不少苦。

过去的事我无从想象，但是我知道老妈有着和外婆一样雷厉风行的急脾气。这也遗传给了我。

刀子嘴豆腐心的三代人。

20 岁那年，老妈不顾外婆的反对，和我生父结婚了。然而，她在新家过得并不好，闽南的传统家庭是重男轻女的，所以我出生后，一直没能得到奶奶的喜爱，老妈不得不把我寄养在外婆家。

20 世纪 90 年代的闽南小镇，封闭又落后。不幸福的婚姻千千万，却从未有一个女人敢提出离婚。就因为离婚的女人会被冠以"坏女人"

的名头。然而，在我 6 岁那年，老妈在舆论和自己的幸福里选择了后者，和我生父协议离婚，带着我离开了那个家。

这在当时的我眼里，简直是无比英勇的行为。而在现在的我看来，又是多么感谢她没有以"为了孩子"而继续一段失败的婚姻。她很清楚一个不幸的家庭不应该以孩子的名义苟延残喘下去。

妈妈年轻时好歹也是校花，后来再嫁时，来相亲的人仍是很多，而她选择了唯一能逗我笑的那个男人。她说，是在为我找一个合适的爸爸。

新爸爸带着自己的儿子，我妈带着自己的女儿，重组了这个新家庭。

二十年来，这个爸爸确实承担了我对父亲的几乎所有印象。他像任何一位普通的父亲一样，和孩子没有太细腻的情感交流，但是他却一直尽可能地支持我做想做的事情，哪怕他并不了解我做的事情有什么意义。

这该是对我有多大多大的信任。直到今日，我都不确定自己为人父母后是否可以做到像他一样，不去以自己的经验干涉子女的选择。

这个组合家庭在外人看来几乎是模范家庭，我成绩优秀，哥哥事业有成，爸妈感情很好。可一开始我是十分不快乐的，我和哥哥总是吵架，而妈妈却只批评我。人生中第一次被妈妈扇耳光，也是因为和哥哥的争吵。那时候我不懂什么是后妈难当，不懂她是不能打哥哥的，所以就算做错的是哥哥，挨打的也只能是我……极大的委屈让我泪眼模糊

1- 外婆参加广场舞，我给她化妆
2- 外婆与妈妈
3- 妈妈与爸爸

1	
2	3

地在日记里写下："妈妈，你有了新家就不要我了吗？"

日记还是在妈妈打扫房间的时候被看到了。她不知道那时候我刚好回家，躲在房门口看她。一开始，我就像说了别人坏话被当众揭穿一样害怕，但是当我发现她啜泣的声音和耸动的肩膀时，内心又被莫名的愧疚和心疼取代，我没想到她会这样难过。

后来妈妈把我送去住校，这一住就是十几年，直到北上读书，直到我毕业、嫁人。

住校的日子，妈妈养成给我写信的习惯。虽然后来我有了手机，但是她仍然会偶尔写点东西寄给我。可能有些话，外表坚强的妈妈是怎么都说不出口的吧。那一阵子啊，我觉得妈妈的笔迹简直是世界上最好看的书法了。

而在一次次的书信往来里，我慢慢理解了她的倔强，理解她后妈难当，理解她为一个家庭不得不做出的种种牺牲，理解她忍痛把我送去住校是怕那样的环境会扭曲我的人生观……

而我对她的情感也从最初的讨厌、失望，变为后来的理解、现在的感恩，感恩她当初为了我做的每一个选择。虽然在外生活的十几年会比在家里辛苦很多，但是这也让我有机会成为一个更加独立的完整的人。

不得不承认，书信是化解很多沟通难题的最佳方式。起码在后来的日子里，我们在表达对彼此的谢意时不会显得那么生疏。而相比我的感谢，妈妈更多则是表达了她的愧疚，只要我的老胃病一犯，她就会愧疚地说没照顾好我，让我下辈子找个更优秀的妈妈……

可是如果人生重新开始，我想我还是会选择一样的经历。妈妈，你可能不知道，我一直感到极其幸运，你那么棒，又刚好是我的母亲。

不断试错的人生

从小到大，我的经历总是有点剑走偏锋。

比如老妈因为长期不在我身边，为了防止我早恋前前后后给我转学九次（危险动作，请勿模仿），美其名曰锻炼我的适应能力。

幸好，我没有变成一个自闭症小孩。

比如，我努力考上了县城最好的高中，后来却辍学去了一所普通高中完成学业。在文化课相当不错的情况下执意要考艺术院校。

幸好，还真让我考上了。

比如，好不容易考进中央美院，却学着偏理论的艺术史专业，而毕业后也没乖乖写艺术评论，反而重新搞起了艺术视觉的活儿来。

幸好，我做了"一朵"。

这样剑走偏锋的人生，深受我那个喜欢试错的老妈的影响。

老妈的试错理论，可以说贯穿了她自己的一生。"不试一下怎么会知道是否适合自己？""不试一下怎么知道是错的？""不试一下将来可能会后悔的"……而在对孩子的教育方面，她仍然坚持她的试错理论。

所以当我决定尝试做一些事情时，比如去某所学校念书，比如发展某个兴趣爱好，比如去追求喜欢已久的人……她都从来不会说"这不行"，哪怕她明明知道这是错的，也选择让我自己去碰，自己去感受失败，感受成功，以至于我后来对她的询问，并不是在征求意见，而是在为自己做好的决定寻求支持者。在一次次试错的过程中，我获得了尽可能丰富的体验，也慢慢明晰自己真正想要的东西。

而对妈妈来说，我获得的体验，也在丰富她的体验。

高一的时候，我莫名产生了厌学情绪，每天很压抑，甚至后来和妈妈通话时总想哭出来。

"我不知道为什么一进教室就好难过……"
"我已经连续半个月睡不好了……"
"我到底为什么要读这些书？"

电话那头的妈妈又心疼又坚定地回了我一句话："如果读书不快乐，那就不读了吧。"

之后的一周里，妈妈顶着亲朋好友的质疑和惋惜，给我办理了休学手续。

回家后的日子简单平凡，我都没有太深的记忆，大概每天就是帮家里做些家务，白天发发呆画点画陪妈妈出去走走，晚上按时睡觉。精神也开始放松下来，不再为各种考试而焦虑不已，不再为高考知识点的变化而紧张兮兮。

这样百无聊赖的日子大概过了一个月，妈妈问我要不要去趟图书馆。

在四层楼的图书大厦里，漫无目的地翻阅使我得以接触到更为广义的"书"，也第一次能够不以高考为目的而阅读。

就只是根据自己的喜好，去选择书籍，去阅读章节。

女孩子总是爱好看的事物，自然而然，我被外文书籍的精美封面吸引了。而那么幸运，我钟爱的那些书，恰好是一批日本的手作书籍。这

于我而言简直就像打开了一个全新的世界。我发现原来书本里的图片也可以这样精美，原来手作这种看似游戏的行为也能够以书的形式存在。

而我对手作的热爱也正始于这看似漫无目的的半年。从家里的废弃物到市场上的精美布块，都成了我的手作材料；手作成品更是从最简单的笔筒到可爱的布面人偶，再到后来开始给自己做衣服……我享受着生活物件在我手里变废为宝的成就感，第一次发现想要的美好是可以自己创造的，觉得自己特别富足。对于几乎从小没有务农过的我们这代人来讲，城市生活和高等教育某种程度上让我们丧失了用双手创造劳动成果的体验，而手作恰好弥补了我的这种缺失。

很多时候，我们只知道自己不喜欢什么，却往往说不清楚自己喜欢什么。反之，当你知道自己喜欢什么的时候，似乎这个世界上就没有你

不喜欢的东西了。

随着我接触的书籍种类越来越多，内心也逐渐明朗，可能我并不是讨厌读书，只是我不明白为什么要读某些书。我向往着书里的那些手作人的生活，渴望有一天也能拥有自己的工作室……我甚至有些开始向往大学生活，然后慢慢开始明白，高考只是人生的一个阶段，并不是一个终点站，我也必须跨过这个阶段才能体验到更为宽广的世界。

半年后的开学季，我告诉妈妈，我想去上学了。妈妈说早就帮我选好了学校。

这时候我恍然大悟，原来她一直在下一盘很大的棋。

她是心疼我的，如果读书不快乐，何必过得那么辛苦，毕竟人生不只有一种体现价值的方式。

她是最了解我的。如果我被强迫去接受自己无法理解的事情，最后恐怕我不只会厌学，甚至会逃学。

她坚定地让我经历更为广阔的世界，坚信唯有这样做我才能跳出当时的困扰，才能明白为什么要前行，才会努力前行。

我很满意她为我选的学校，虽然不那么出名，但确实是一个学习的好地方。

她说年轻的时候因为舅舅在这里任教而有机会来到这所山脚下的中学。当时她就对教学楼边缓缓淌过的小溪印象深刻，心想在这里听着流水读书，该是种多惬意的享受呀。

其实我也清楚她的小私心，毕竟有舅舅在我身边照顾，她会放心很多。

我后来的优异成绩，再次证明了她的选择是对的。她了解我的好强与自律——对于从小不喜欢被赶鸭子上架催着做事的我来说，一个相对舒适、有益身心的环境，远比金牌师资来得重要得多。在她的良苦用心下，我在面对一些选择时，越来越清晰如何选出自己真正想要的。

我想，这也是妈妈试错理论的又一次实践——必须让我休学试试看，我才知道真正的"学"是什么。

2- 2014 年春节，我和妈妈去南普陀求平安
3- 2016 年，在诏安的新工作室，妈妈帮我整理院子

努力成长
为合格的亲人

很长一段时间里，她都是我眼里最优秀的妈妈，哪怕在青春期里，她也是我最无话不说的挚友。

我是依赖她的，从情感上。

她的试错人生理论始终存在于我们的关系里。她会支持我的很多想法，哪怕看起来有点无厘头。大学时我曾经打算改行学习艺术治疗，不管去考心理师证书还是报名托福，甚至交了中介费，她都没有反对过。只不过在我准备申请的时候，她给我发了一条微信：你学的艺术本是最美的东西，而心理治疗面临的是深不可测的人心，你真的做好从最美好到最黑暗的准备了？

因为她的一句话，我不得不放慢脚步，开始思考学习心理学的真正目的——或许我只是想从心理学角度解答童年时期单亲家庭带来的一些无法释怀的问题，虽然看起来我并不在意那段经历。就像有人说过的：学习心理学的人多半是想医治自己。

不得不承认，她在母亲和闺密这两个角色间切换自如，毫无障碍。后来我查了她的星座。噢，天哪，果然是一枚双子座的姑娘。虽然星座不可信，但这世界上又有什么是绝对可信的呢？起码我找到了一个原因去解释，为什么我在家的日子，她对我是严厉的，离家后，又可以是无话不说的。

我不止一次怀疑，正是频繁的转学，使得我没有一个闺密是从小到大的，更是错过了所有青梅竹马的戏码，以致整个青春期里最了解我喜怒哀乐、最洞悉我所有秘密的竟然是妈妈。可我竟然也不知不觉习惯了这个年纪稍微有点大的"闺密"。不管是心情不好了还是获得学校奖励了，不管是收到情书了还是有喜欢的人了，都会第一时间告诉她。

这种稳定融洽的母女关系开始出现裂痕，是因为黑土的介入。

我喜欢上黑土的时候，还发了照片给她看，她看完后回复我"这个人看起来挺舒服的"。从小我就特别相信妈妈看人的眼光。她还说如果真的喜欢，就要努力去追。

有老妈的神助攻，我和黑土顺利在一起了。生活里突然多了一个陪伴者，琐碎事也多了一个倾诉对象，再加上处于热恋时期，慢慢地和妈妈的沟通没有以前多，回复她短信也没有那么及时了。

她生气了。

我们有过一次较为激烈的争吵。我认为她不能理解我工作很忙没法按时回复微信，而她认为我是因为有了男朋友忘了娘……

我被她挂了电话，内心的委屈和愧疚杂糅在一起，最后没忍住，眼泪还是吧嗒吧嗒掉了下来。我不喜欢自己被挂个电话就这样玻璃心的样子，虽然挂我电话的是妈妈，可是她怎么可以这样不理解我……脑子里有各种声音横冲直撞。

黑土都看在眼里，他安抚我说，可能她只是想你多给她打几个电话，多聊几句吧？没有那么严重的，别哭啦……

我突然间意识到，是啊，她习惯了我有点鸡毛蒜皮的事就和她讲，毕竟我们长期没在彼此身边，她也只能通过我这些看似毫无营养的碎碎念——今天下雨了啊，中午我吃了什么啊，最近喜欢哪部电影之类的，来想象我的生活，来感受我的存在，来确定我们对彼此的重要程度。

而好强如我们，都渴望被需要，甚至需要以被需要来证明自身的价值。但是从我记事起，就没有被妈妈拥抱过的印象，她总是活得像她名字里的"梅"一样，体面又不甘示弱。我以为，自己一辈子都会附属于她，依赖她，而她从来都是为我遮风挡雨，无所畏惧。

原来她也是需要我的。不只是我对她一直有依赖，她也一直依赖着我的依赖。

可恰如她曾告诉我的，人一辈子都在不断成长。

我也终将组建自己的家庭，也会成为别人的妈妈，我也会像她一样奋不顾身爱着孩子，享受着被需要的每一天，但也得面临孩子长大，成为独立个体，不再需要自己的那一天。

后来黑土发了一篇文章给我，标题大概是《让父母成长，才是最大的孝顺》，我转发给老妈。半小时后，我发现她自己也转发了。我起先只是默默点了个赞。后来想了想，还是给她留了一条评论：这都是我们必须要走的路，也只有经历这些成长，我们才能成为合格的亲人——相互依赖，相互成全。

一天后，老妈转了另一篇文章并提醒了我。标题我忘记了，但是文中的一句话却让我印象深刻，大意是，我多么高兴，培养了一个独立思考的你，而你作为我某种意义的延续，又为我展现了另一个思维下的全新世界。

当时看到这句话后，鼻头一酸，是一种得到理解的感动。我该感谢妈妈，感谢她愿意坦诚沟通，感谢她教会我成长，自己也愿意成长。

其实，在成长这个问题上，妈妈还算是积极的。她很愿意向年轻人学习如何使用微信，如何发视频，如何网络购物，甚至现在出门几乎不带钱包，滴滴打车、万达消费、在网上订电影票……

所以在我和妈妈谈论被需要感的本质问题时，她还是认可的。她也承认，他们这代人正面临一个剧变的时代，新事物层出不穷，一不小心，就会远远落伍了，一不小心，和年轻人就没话讲了。两代人之间的距离无形加大，老一辈无法在晚辈这里找到被需要感，晚辈也无法在老一辈那里找到被认同感。

而被需要感的缺失，无疑是他们那代人最恐惧的事情。

妈妈试探性地问了我一句：

"你妈我还算是跟得上年轻人的脚步的吧？"

我故作思考了一下，点点头：

"算是吧。"

"那万一哪天我学不动新知识了，你们是不是就开始嫌弃我了啊？"

她像小孩一样疑惑又略带紧张的眼神，很是可爱。我假装漫不经心地回答："所以你需要趁现在学一个技能让我们永远都离不开你呀。"

"哦……这样啊……那你觉得中医怎样呢？"

啊对，我差点忘记，妈妈是中医世家的后代呢。

Chapter_03 ——

—— 黄・温暖

我 所 喜 欢 的 黄 色 调

是 带 点 橘 色 的 黄

不 同 于 金 黄

橘 黄 是 一 种 更 贴 心 的 暖

有 的 暖 男

总 想 把 自 己 认 为 最 好 的 给 你

可 惜 最 终 只 暖 了 他 自 己

而 真 正 的 暖 男

是 在 恰 当 的 时 候 给 你

真 正 需 要 的

以 你 能 接 受 的 方 式

我 知 道 这 很 难

可 是 黑 土 就 是 这 样 一 个 暖 男

我爱他曾被爱过

黑土是第一个说我温柔的人。

过去的我独立到有些彪悍，说话大声，急性子。虽然个子小小的，却总给人一种暴走娃娃的感觉。

我被起过一个外号——萍姐，大家都这样叫我，我也就习惯了一个爽朗知心大姐的定位。

黑土第一次去我家的时候，说要在手机备忘录里整理下我的优点，说是怕到时候我爸妈会提问他为什么喜欢他们家闺女。

我好奇地凑过去，看到的一个词语，竟然是"温柔"。当时我真不是故意的，但就是忍不住"扑哧"笑了出来。

当他在我家和一大桌子人说，茹萍是个懂事温柔的女孩子时，大家的反应和我是一模一样的，笑得前仰后合。

爱开玩笑的舅舅跟黑土打趣： "你别被她骗啦，小丫头坏着呢！"

黑土还是笑得一脸憨厚地说："喜欢植物的人怎么会不温柔呢？"

我不习惯被人夸，开玩笑说他的情话一点都不浪漫，内心却暖得不行，哪个女生不爱听情话呢？

直到我去了他的故乡，才明白，这是他的真实想法，而不是一句简单的情话。

他爸爸是个正直的人，略带点慢性子却很善良。

他妈妈是个爱笑的人，略带点急性子却很周全。

他爸爸是宠着他妈妈的，以至她年过半百还有颗公主心，还能因为某样喜欢的食物期待一整天，还会因为一个好玩的举动笑得眼睛眯成一条线。

我突然相信了那句话，父母相爱，才是最好的富养。他见证了父母的相爱，才会知道如何去爱一个人。

我在生他养他的地方生活了一年多，走过他喜欢的每一条街道，品尝过他喜欢的每一样小吃，也意料之中地喜欢上了这个讲究吃、生活节奏又慢的小城镇，喜爱程度甚至超过我自己的家乡。黑土和亲人们相处得极好，不知道是黑土很懂事，所以叔叔伯伯们都特别疼他，还是叔叔伯伯都疼他，让他学会了对身边人温柔相待。总之，在我印象里，黑土几乎是没有发过脾气的。

我曾经问他："你没有特别讨厌的人吗？"

他认真地想了很久："好像没有。"

都说什么样的人会看到什么样的世界，而一个被温柔相待的人又怎么
会去讨厌这个世界呢？

和他在一起的时间久了，家人说我变得温柔了。

从什么时候开始的？也许从他说我温柔的时候开始的吧……这种感觉
似曾相识——记得幼儿园里要是被奖励小红花就会表现得更好一些，
并在心里默默告诉自己"我可是一个好孩子啊"。

去做自己，
爱的人就会来找你

2015 年毕业后，我离开北京，因为厦门离我的植物梦更近些。

2015 年年中，有个叫黑土的程序员辞了职。那时候我们还不认识彼此。

辞了职，卖了正在按揭的房子，买了一直喜欢的 Jeep 越野车……黑土做了一系列旁人看来太不循规蹈矩的事情。他还和朋友创业，打算开发一款供匠人用的软件，因为需要寻找合适的匠人，经人介绍认识了我。

我承认我是先觉得他帅才加的微信。
我也承认我是觉得他特别绅士而动了心。

看过太多道理，都说女生不能过于主动，可我是一个多么讨厌模糊不清的人啊；都说朦胧的暧昧期是最美好的，可于我这简直是患得患失的煎熬。

所以最终也还是我没憋住，说出了"我喜欢你"。

没想到这样的勇猛，竟成了他接受我的理由。

他说我有什么说什么的时候显得特别自信，特别好看。

哦，原来书上讲的也不都是真的；哦，原来真正合适的两个人并不需要什么欲擒故纵。

我们认识一个多月在一起，在一起三个多月领证。
朋友们当时是替我担心的——热恋中的人做这样的决定会不会太仓促了。

毕竟我们相差着 7 岁，毕竟我们从事着迥异的职业，毕竟我们看起来不像是同一类人。

黑土是慢性子的、客观的、钝感的，而我是急性子的、主观的、敏感的。

我们是八竿子打不着的两个人。我们似乎磨合起来会问题重重。

我脾气不好，容易因为一点鸡毛蒜皮的事而生气埋怨。

某天，一大早出门我就因为琐碎事情生气。他在一边沉默地开车，眼角时不时瞥过来看我有没有好点。

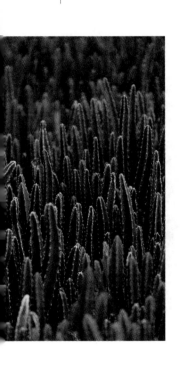

我能感觉到他的小心翼翼。很快，埋怨与不满就被愧疚取代了。鸡毛蒜皮的小事已经不再重要，取而代之的，是一番新的自我责备——我怎么可以无端把坏情绪传给黑土，我怎么一大早就这么负能量，我这是怎么了⋯⋯

我在内心里嫌弃自己，可又碍于自尊不愿意承认。

黑土看我情绪平稳些了，缓缓地说："你知道吗，负能量有时候也是一种积极向上，就像摇滚里的呐喊，是对现实的不满，也正是想改变现状才会对现状不满。"

一边听他讲话，憋着的泪水一边哗哗流了下来。

那时我们刚回到乡下，工作室几乎是百废待兴的状态，再加上家人对我们的决定并不是太理解，而乡野生活所面临的事情更是繁琐复杂。

他明白我难过的不是某件小事，而是对自己情绪控制的无力感。

他也清楚我需要的不是苍白的"都会好的"，而是一个让自己释怀不再自责的理由。

他了解我是一个容易发脾气却也能及时反省的人，内心装着一个还不够成熟却积极向上的灵魂。

"我可能再也找不到比你更适合我的人了。"

我看了看他，破涕为笑。

我总是习惯把内心的感动告诉他。毕竟，没有什么比自己的一片真心被理解更欣慰的了。

而他也在试着学会如何表达自己的感动。我经常会说，自己多么的幸运啊，能遇到一个理解我的弱点还愿意包容我的人。他总是回我以憨笑，到后来还是憨笑，到突然有一天他对对联似的回了我一句：我也好幸运遇到一个三观一致、愿意沟通共同成长的人。

我们从不吝啬对彼此的赞美，毕竟认可和感恩是需要说出来的，况且这才是最耐听的情话，不是吗？有时候我们会担心让对方知道自己多爱他，会不会让他（她）变得骄傲。有时候我们会担心坦诚太多，会不会让对方腻味。有时候我们甚至会看很多道理去寻求保鲜爱情的技巧……可是，我想所谓的新鲜感，不是和未知的人一起去做同样的事情，更多的是和已知的人一起去体验未知的人生吧。

我们也会有争吵不休的时候。对于直男来说，最害怕的是拐弯抹角的猜测。

他坦言自己本是慢热的人，之所以可以那么快决定和我在一起，是因为我们的相处模式让他相信，没有沟通不了的事情，也没有解决不了的问题。

因为我们约定，一旦吵架，必须当天和解。

看起来黑土没有我这么伶牙俐齿，可吵架的结局并不总是我赢。虽然我逻辑清晰、善于总结，吵起架来头头是道，但他客观分析、抓住本质，吵到最后也常让我哑口无言。

好在我们都不是固执的人，好在我们都愿意为了彼此变得更好。每一次争吵最后往往会变成如何解决某一类问题，以防同一个坑掉进两次的讨论，有时候也会变成某一方性格弱点的一次修正。

有一段时间黑土特别忙，我刚好有事要去隔壁城市的山里找个朋友。心里盘算着来去四五百公里的油钱以及他实在抽不开时间，就想着自己一路搭班车进山。

结果黑土还是非要开车陪我去，再陪我回来。我劝他可以先忙自己的，我可以和朋友约着一起去。可最终好劝歹劝还是输给了他那句：我再辛苦再努力还不是为了要和你在一起吗？

黑土是不容易动摇的人，但有时候竟也会接受我的一些建议。印象中爸爸和哥哥是从来听不进爱人建议的。大多数闽南男人都有一种深入骨髓的人生观——既然承担为女人遮风挡雨的义务，也就理所当然享有以自己为中心的权利，所以，女人提的建议是不值得采纳的。

黑土认为自己也是大男子主义的。只不过，他眼里的大男子主义"是让自己的女人有能力做自己想做的事情"。突然想起之前看到的一句话：一个男人能支持所爱的人自由去飞，除了足够自信，还有将女性作为个体的尊重。

隐约记得热恋中，我问过他，你喜欢我什么？

他说，喜欢你做自己。

来自自己的安全感

有段时间，我一直没法开口让别人帮忙。

我害怕求助于人，害怕麻烦到别人，甚至害怕会被看不起。

我也不喜欢和熟人打招呼，总是低头走路。我也不乐于助人，总是害怕麻烦。

我会揣摩对方发过来的微信，想着是不是还有话外音，我怎样回答才会更得体。

我会选择下雨天坐公交，耳机里是节奏缓慢的歌，心情不好不坏地从起始站坐到终点站。生活中没有特别值得高兴的事情，也不会有什么让我歇斯底里。

我以为这就是生活该有的模样。

后来在书店看到一句话："对的人，会带你看到更好的世界。"我竟然会有点期待，能遇到那个人，他可以告诉我还有另一种生活。

如果说遇到黑土前我只知道我不想要的生活是什么样，那么遇到黑土后我可以说开始明白自己想要的生活是什么样。

尤其是回到乡野后，我们面临的突发事件和杂务更多了。我看到非工作状态下的黑土是如何处理生活琐碎，看到他有条不紊地处理着让我头疼不已的乡村关系。这完全改变了我以往对IT男的印象。也是在乡野生活的一年里，我从黑土身上学习到了另一种处世的模式。

黑土相信专业的人做专业的事，有些事情请村民来帮忙会更好。但每次和村民沟通的时候，我就装作自己听不懂闽南话，远远躲在他身后。

黑土开车经过村口，遇到村民总会放慢车速，把窗户摇下来和他们打招呼。我一开始是很不习惯的，总是会低头假装玩手机。

黑土说的话，一定是字面意思。他很认真地告诉我："你有什么疑问就直接问我，不要问别人也不要乱猜测。"

黑土会在天朗气清的时候，站在院子里伸懒腰，告诉我："你看苍穹多大，人多渺小，还有什么可以计较的。"

……

这是一个我完全没有想过的世界——乐观、积极、安全的世界。

回到乡野后，不管遇到什么事情，他总是那个笑起来人畜无害，从来不发脾气，也不被他人言论左右的黑土，我却慢慢发生了转变。我不得不承认和他在一起是有"私心"的。我羡慕他看待世界的角度，羡慕他与世界交流的方式，我希望跟随着他，可以变得更乐观，可以像他一样每天都抱着满满的安全感睡去，每天醒来都自带新的正能量。

我开始学着向他人求助，因为黑土说求助于人并不会麻烦人，相反是对他人价值的一种认可。

从他与村民的交往中，我发现并开始相信：你对这个世界热情挥手，世界就会给以同样的热情予以回报。

在我们的日常交流里，我终于感受到亲密关系间的交流可以如此轻松简单，没有那么多犹豫，没有那么多猜疑。

他说不希望我们有冷战，因为人生一辈子实在太过短暂，应该去做喜欢的事情，去爱值得爱的人。

他希望我最爱的是自己，因为只有学会爱自己，才会懂得如何去爱身边人。他告诉我要相信吸引力法则，因为内心有着乐观的想法，幸运的事情才会发生。

是的，我是完全相信吸引力法则的，尤其是当上帝听见我内心的祈祷——希望能有个人带给我安全感，之后果然给了我一个这样的黑土，他顶着所有人不解的眼光，陪我回到乡下，一起过想要的生活。

我说是黑土带给我安全感，他却并不这样认为。

有段时间我莫名害怕他会离开，甚至还反问他："如果我离开了，你会不会难过？"

我很清楚，自己在刷存在感。

"我可能不会很难过……"
听到这句话后我的心咯噔咯噔了好几下。

"如果你离开，那一定是我做得不够好，我会改正；如果你还是执意离开，我也没办法啊……"

"可是你离开我会难过啊，我怕我再找不到一个人可以像你这样给我安全感啊！"我几乎都哽咽了。

黑土有点莫名其妙和不知所措。许久后他才接着说："可是没有谁能保证陪着谁永远的，安全感这种东西，本就应该来自自己……"

我无言以对，却不得不承认他说得在理。

我们曾经一起做了九型人格测试，他是妥妥的安全型人格，而我不出意料是焦虑型。

他开玩笑说，幸好不是逃避型，还有救。他说一开始就知道我脾气坏，知道我没安全感，这是成长环境和思维模式导致的，如果可以的话，希望能用下半辈子陪我成长。

而他也确实一直不断尽自己最大的努力，帮助焦虑型的我转变为安全型人格，也让我慢慢明白，谁都不能保证给谁一辈子的安全感，最大的安全感，该是来自自己获取幸福的能力。

以植物的名义
爱自己

此前在亚洲设计论坛的展览上，我展示过一个女性主题的作品，名为《植与你》。

我一直试图借用植物讨喜的特征，来美化一些看起来很悲观的东西，进而能够给观者提供另一个角度来看待曾经厌恶或者逃避的事情。

我曾经想过用植物来美化"二战"老照片里的枪支、弹药、坦克，然而总是觉得缺少了什么。战争似乎离我们太远了，我对战争真有那么多的感触吗？做出来的东西能让更多人产生共鸣吗？

很显然，我们这个年代的人，对战争是陌生的。我也确实没有在这个主题里找到很多的灵感。

随后，我把视野放回了当下，放在了自己的身上。我是个女生，刚结婚成为女人，也即将成为妈妈，这两年内我经历了三个身份的转变。尤其是怀孕期间，我不得不比此前花更多的时间关注自己的身体、情绪、食欲等。我承认，过去的我并不那么能够接纳自己，总是嫌弃自己的个子太小，没有高跟鞋几乎不出门；总是害怕多吃这口饭明天起来就会胖半斤；总是熬夜，容易生气，丝毫不关注自己的内在器官每天的负重……所以在《植与你》这个系列作品里，我从一个女性的角度出发，尝试通过植物这个让人感到温柔的媒介，来唤醒当下女性对自己的关注。

《植与你》总共包括四个系列，分别是《高矮胖瘦》《喜怒哀乐》《你的器官》《我爱头花》。

《高矮胖瘦》

这个系列，或许会让你想起网络上流传甚广的图——水彩画的少女身体，搭配用花瓣做成的裙子，实在美丽。可是美的是裙子，"你"在哪里？

你会发现这里的四个人物几乎赤裸着身子，只穿内衣裤。几乎没有笔触，只是以剪纸的方式，将植物的叶子与女性躯干轮廓相结合，因为我想用植物美化的不是裙子，而是我们身体最原始的样子。无论高、矮、胖、瘦，都是真实的自己。不必为看起来更瘦而去拼命减肥，但可以为了让自己更健康努力锻炼身体。不必为了看起来更高而去穿十厘米的高跟鞋，但我们可以为了让自己走起来更舒服去买一双坡跟鞋。

一切的改变，都源于从身体本身出发的念想。

1- 《高矮胖瘦》之《胖》

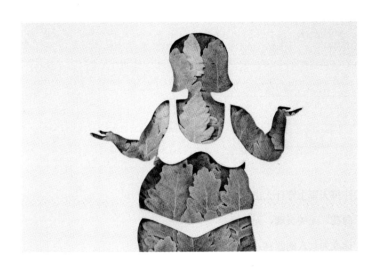

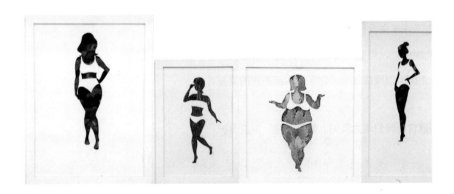

《你的器官》

我们会在意脸上突然暴出的痘，也会很关注每天早上穿什么出门，却从没有关注过自己的"内在"。这里的"内在"无关灵魂、无关修养、无关学识，是真正的"内在"，是那些让你成为女人的器官。我们习惯性地赋予外面的世界太多的关注，却忽略了自己的器官也需要我们的关爱。相反，我们总是把外界对我们造成的各种影响，积压下来反馈给我们的"内在"。这对它们不公平。

《你的器官》系列里我选了近年来女性疾病高发的四个器官：子宫（子宫肌瘤）、乳房（乳腺癌）、胃脏（胃病）、肾脏（尿道炎），用植物去装饰这些器官。希望可以唤醒每个"你"对内部器官的重视。

不管健康与否，正是这些器官让我们成为我们，值得正视，更应爱护。

2- 《你的器官》之《胃脏》
　　《你的器官》之《肾脏》
　　《你的器官》之《乳房》
　　《你的器官》之《子宫》

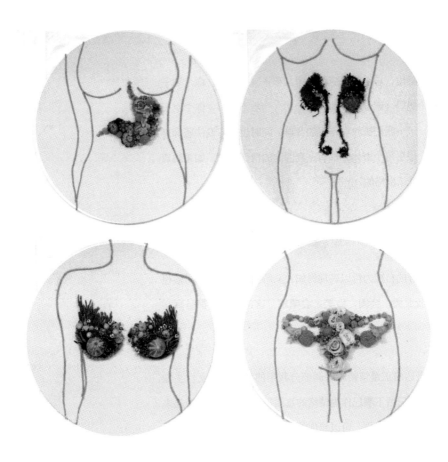

《喜怒哀乐》

我们在不同的年龄里，总被教育应该像个女孩子（矜持）、像个妻子
（贤惠）、像个妈妈（慈爱）、像个女上司（一丝不苟）、像个女下
属（善解人意）……我们被教育得更加合群，同时也想方设法压抑自
己的真实感受。似乎每个群体，都有一套固定的情绪模式，如果脱离
了这个模式，你就是出格的。

我们似乎从来没有被教育过，如何与自己的情绪对话。

当然，我们有良好的自控力可以表现得如大家所愿，但我们有时候也
想随性而活。我会哭、会闹、会笑、会嗔怒，这都是我，都是真实
的我。

《喜怒哀乐》表达的正是情绪。绘画部分我用的是线描的女性头像，
特意将眼睛遮住，只留下嘴巴作为情绪的宣泄口。这样，头像看起来
就可以是任何人，可以是你，可以是你的妈妈，可以是你的姐妹，可
以是你的闺密……用最朴素的线描勾画人物，意在凸显情绪和植物的
关系。毕竟植物终究是要用来美化情绪的，不管喜怒哀乐，希望每一
个表情都是真实的自己，都那么美。

3- 《喜》《怒》《哀》《乐》

《我爱头花》

最后这个系列其实要表达的东西特别简单，就是"爱美"。我能想到的最早的有关"爱美"的情节，是童年时往头上戴花。那个时候，还会因为路边的一朵野花而欣喜，还愿意旁若无人地把花戴在头上，还能天真地相信戴着花睡觉就会梦见花仙子……

那时候的"爱美"，真的爱的是"美"啊，无关潮流，无关搭配。这种对美与生俱来的感知，本是女人的天赋，女人也因为爱美而变得自信。

Chapter—04

灰·淡然

灰 调 子 的 生 活 用 品

越 来 越 多 地 占 据 我 的 空 间

灰

是 一 种 干 净 利 索 的 颜 色

没 有 过 多 的 解 释

给 人 一 种 淡 定 前 行 的 感 觉

时 间 会 带 来 很 多 变 化

会 让 白 色 器 物 变 脏

让 黑 色 布 料 落 尘

唯 独 灰 色 的 用 具

不 畏 岁 月 痕 迹

好生活
不一定要有钱

我们决定回到黑土的故乡只用了几分钟,而搬家回来、开始找房子、建造房子,前前后后至少花了半年时间。

黑土的故乡诏安是福建最南端的县城,一面靠海,一面靠山,自唐代以来便是书画之乡,很多建筑的风格维持着 20 世纪末的样子。因为

1- 龟山自然村

地处闽粤交界处，受到潮汕饮食文化的影响，这里几乎成了福建最会吃的地方。

我们回到县城后便开始找房子。一开始，我们也有着一股怀旧的劲儿，想要改造老房子来做工作室。可几乎找遍了县城大小村落的老房子，一直没能遇见满意的。也许是我们的要求确实高了些，比如黑土需要远程工作，所以网络一定要好；比如我需要发货、收快递，所以交通也要便利；此外房子要有一定的特色，采光要好，改造修复难度不要太大，周边卫生和环境也需要过得去……

兜兜转转了两三个月，我们几乎都快把诏安的地图背下来了，还是没遇见合适的房子。

就在亲戚朋友的热情快要被我们的挑剔耗光之际，就在某一次又看完一座房子失望而归的路上，我们看到桥对面有一群白鹭悠闲掠过，轻盈落在水边一丛灌木上。顺着灌木往不远处看，是个类似小岛的沙洲，上面恰好有红瓦房几座，炊烟袅袅。

家人说，这里叫"龟山岛"，距离县城很近，但由于面积太小，岛上居民不多，一直是被遗忘的村落。一路打听下去才找到入岛的桥。我们的黑色吉普沿着岛屿转了一圈，不到十分钟就差不多转完了。岛上植物茂盛，有一大一小两座小山丘并列，侧面看去酷似一只趴在水面的乌龟，山脚下是龟山自然村的村址。虽然村里原有七十多户人家，但大多陆陆续续搬到县城了，现在只有大概三十户，以老人小孩为主。

大部分老房子过于破败，无法重修，现存的房子普遍空间狭小，采光不佳，似乎也不太适合改造成工作室。

但这里被植物环抱啊，四面有水，微风习习，这里的人们还保持着 20 世纪 90 年代的生活方式，晨起有黄牛，暮归有白鹭。

我和黑土说，在这里盖座房子多好。

而恰好这里几乎满足了我们所有的要求，有山而不算深山，距离县城不到十公里，交通方便。而且我们看到岛上有个电信公司的信号发射台，这意味着这里很有可能有光纤。岛屿面积不大，据说是两百多亩，如果我们在距离村子两三百米的地方租一块荒地，这样水电也就不成问题了。

而我们选的那块荒地，恰好是黑土他小叔的朋友的。一切都那么刚刚好，似乎没有理由不留下来。

我们开始选择建筑朝向，请了几位村民过来帮忙整地坪，恰好联系到村里的一位铁皮房师傅。我一边画不专业的草图，一边和师傅努力沟

通。不少朋友告诉我们，铁皮房虽然便宜，但是不宜居。我们也是清楚的。除了成本考虑，还有一个问题就是，一直以来都有相关规定，不能在租赁的荒地上面盖水泥房。

最后，在拥挤昏暗的村房和植物环绕的铁皮房之间，我们毫不犹豫地选择了后者。

黑土从小都是不用做家务活的，但在建造铁皮房工作室的日子里，他几乎把前 30 年没干的活都干了。

我们自学了力所能及的所有技能，从油漆工到水泥工再到木工。家人也帮了大忙，爸爸整地坪，二伯充当水电工……原因很简单，请技工来的成本刚好可以买上需要的工具，和技工沟通的时间刚好可以来学一些粗浅却已够用的技能。

3 个月时间，我们用 6 万元整了一个 300 平方米左右的空间。其中院

子 200 平方米左右，房子 100 平方米。

工作室初落成时，除了黑土的那把专用椅，没有一件家具是新的。所有的软装都是就地取材 DIY，再用我原来工作室的作品以及大量的绿植来填满空间。村民在岛上种了不少的荔枝树，我们盖房子的时候恰逢果树修枝，村民砍下的大大小小的枝条就都被我们收回来，做成各类家居用品，上到灯具，下到桌子。很多 DIY 灵感来自于我平日喜欢的一些室内软装风格，比如对日本的洞洞板我就一直喜欢得无法自拔，硬是买了相关材料 DIY 一个，占满客厅一面墙；而叉车拖盘则是超级万能的一种改造原料，客厅所有的沙发和桌子都是从拖盘改造而来，木质托盘还可作为静物拍摄的背景，兼具美感与沧桑感；家里最撑场面的家具应该是亲戚给的斗柜了，方便好用又耐看……

而这些家具改造，几乎都是家人陪我一起完成的。其实在整个改造过程中，最难的是和家人的沟通。一开始大家都不太能理解为什么我要那么多落地窗，台风来了怎么办啊？也看不明白铁皮房已经是（冷）

10- 工作台

12- 客厅的托盘沙发

11- 就地取材的荔枝木

13- 以低廉价格收购的进口旧拖盘

白色，为什么我还要用丙烯再刷一遍（暖）白色，这两者有什么差别吗？为什么要用烂大街的铝质烧水壶来做灯罩？为什么院子的篱笆不能做普通的菱形竹篱笆，非要费时费材买那么多竹子紧紧绑成密密实实的篱笆？

我常常要用半天时间来解释，半天时间来做事。

但是随着工程过半，随着工作室雏形初具，我发现家人的疑问慢慢变少了，沟通也越来越容易。最让我有意外惊喜的是，这些叔叔伯伯的审美竟然也有相应的提高。有次和他们在采购水龙头时，二伯和小叔在讨论买哪个好，他们一个要看性价比高不高，一个要看和洗手盆颜色搭不搭配。后来两人达成一致，选了那个好搭配的。二伯那句"好看不好用"的口头禅也慢慢不说了。

铁皮房确实不那么宜居，住进去后冬冷夏热，但我们喜欢这里胜过以往住过的任何房间。早上会有小鸟准时过来啄我们的玻璃窗，真是不好意思啊，小家伙可能第一次见到自己的影像，以至以为是领地里来了新成员吧？

有阳光的午后，阳光透过西向的落地窗洒满工作间，白天几乎是不用开灯的。午后，坐在沙发上看了一会儿书，就开始昏昏欲睡了。

天快黑时，周围数百只白鹭呼朋引伴飞回龟山，它们喜欢生态保持较好的湿地。从傍晚开始，到将近深夜，我们都能听到白鹭们呱呱的争吵声此起彼伏。

有人问我们在山里无聊吗，夜晚会不会害怕？

我们每天都有做不完的事情，所以无聊是不会的。

我们有满山的白鹭陪着过夜，所以害怕也是不会的。

但是我唯一怕的，是雨季。我们房屋的位置处于两个山丘之间，类似山坳的区域，湿气常聚集于此。可我们是一个干燥植物工作室啊，每天不得不加长干燥房的烘干时间以确保湿度不会过高。此外，潮湿的空气让我感觉有点喘不过气来。

在山里，你最好是有点洁癖，如果食物残渣没有及时清理，是很容易吸引来山里的其他小动物的。你也不得不习惯在夏季的夜里，常常听到各类奇怪的叫声。对了，蚊虫更是四季常有的，因为诏安是亚热带气候，几乎没有冬天，蚊虫们不需要过冬……

但是白天一到，阳光一来，我站在院子里，就会很满足。

我害怕一种等待——等哪天不那么忙了我要去学一堂花艺课，等哪天有空了我就去哪儿哪儿旅游，等哪天赚的钱够多了我们也回到乡下……

等待时间，是永远等不起的，毕竟琐碎之事那么多。

等待财富，也是永无止境的，毕竟人的欲望那么多。

我们总以为实现梦想需要耗尽自己的能量，我们总觉得应该准备充分一点再开始。同样，我们也总是高估了实现梦想的难度。其实并不是实现这个梦想有多难，而是你放弃一些既有的东西有多难。

是的，我们有远程工作的优势才能离开城市，但我们也有如同大多数人一样的财富短板，也要考虑成本，也正是这样才会绞尽脑汁用 6 万元做这么多事情。短板有时候其实是隐藏起来的跳板，它不总是阻拦你做某件事情的障碍，打开方式正确的话，它完全可以成为你发掘自身极限的新可能。

寻找更适合自己
的生活方式

曾经有记者采访我时问我最喜欢什么植物，或者觉得自己最像什么植物。

"可能是某种生长缓慢的树吧，需要自然的空间，伸枝开花，需要漫长的时间，安静生长。"是啊，如果真能活得如天地间一棵自在的树，那也是实现了人生的一大理想。

1- 在天地间，
做一只自然舒展的"菇菇萍"

大家会惯性地以为，回到乡野，就像是归隐了。

不过于我们而言，这真算不上是归隐吧。我们眼里真正的归隐，是
"大隐隐于市"，需要极其强大的内心。我和黑土修炼还是不够的，
只是想给自己换个生活环境或换种生活方式，充其量只是搬了个家，
只不过这次离城市远了些而已。

回到乡下的日子并不悠闲。乡村有自己的生活方式。这里的人也如同
城里人有着每天都忙不完的事情，只不过节奏慢了许多。有人说乡下
的生活步调是缓慢的，但我想慢生活是有别于低效率的。确切来说，
慢生活是在时间和金钱都相对充裕的情况下，放慢速度跑，这里的
"慢"是主动带给自己的一种享受方式。相比之下，乡下人的"慢"，
是真的慢，时间观念不够，于是大家都被动地跟着整个大环境慢。很

明显的一个感受就是，约定时间后，对方普遍会迟到十五至三十分钟不等，我和黑土都习惯称之为"乡野时间"。

而我们自己的生活，过的还是"北京时间"。

创业是没有上下班和双休日的。一方面我本身就是闲不下来的人，一方面我做的又是自己喜欢的事，所以我的生活节奏完全是与乡野脱轨的。

我们的起床时间通常是 5 点左右。

准备早饭吃过后，开始准备午饭。米饭提前泡着煮出来会特别柔软、特别香，虽然黑土并不能吃出来太多差别，但我是颇介意的。这也导致我不得不掌厨，因为别人做的不一定合我胃口。

6：00 开始进入工作状态。

9：00—10：00 黑土会磨两杯咖啡配点饼干。

11：30 我开始做午饭，黑土继续工作。

12：00—13：00 午饭和闲聊。 13：00—14：00 午休。

14：00—16：30 开始我的另一项工作——打包发货，结束后会做杯果汁犒劳自己。阳光明媚的日子则会阅读近期喜欢的书籍，然后思维涣散，自由发呆。黑土则会看一些我看不懂的 IT 书籍。

16：30—17：30 运动。首选羽毛球，对颈椎有好处。黑土不陪我运动时就只能跑步了。

18：00—19：30 准备晚饭以及吃晚饭、闲聊。

20：00 回县城的婆家存放明天要寄的快递，和家人聊天互动或拜访朋友，或回家看电影。

22：00 洗漱，准备睡觉。

一周里会选一天出去采风。周日则会相对放松，接受朋友的拜访。

我们也曾熬夜加班工作，然后发现越做越"嗨"，而且效率也不高。但昼夜颠倒的生活状态并不适合我们的身体。我们尝试了几次早起后，发现其实在保证睡眠时间的情况下，早起一样可以达到极高的效率，而且会让人感觉一天变得好长，可以完成的事情多了很多，重要的是，身体也会越来越好。

有些人是排斥按照时间表生活的，但如果是自己给自己安排的时间表呢？这只是一个较为理想的时间表，如果没有突发事件我们都尽可能跟着时间表来。毕竟我和黑土还是深信自控才会自由，跟着时间表走，是为了有更多自由的时间自我支配。当然我们也是有惰性的，偶尔也会偷懒晚起，偶尔也会觉得天气真好，不出去走走可惜了。

提前完成任务的成就感、一天做好多件事的满足感、一个人过两辈子的期待感……看似平静的乡野生活，我们过得却是波涛汹涌。

所以，乡野是被我们选择的，是我们为了更接近理想生活而选择的。不用把时间浪费在交通上，不用周旋于无效社交，我们得以尽可能节约出更多的时间来做真正想做的事情，而这也是我和黑土当下认为的人生意义。

从这个角度看来，我们某种程度上是极入世的。我们确实是希望可以通过个体的一次回归乡野的尝试，为更多人呈现一种生活的可能性，一种追求梦想的方式。我们来乡野不是为了"桃花源"，而是为了有更多时间与自己相处，是为了让生活也是工作，而工作又像生活，是

为了我可以专心实现一直以来的初衷——在乡野，以人的需求出发，
与植物相处，并尝试挖掘植物与生活结合的更多可能，实现植物美学
的再发现与传播。

我不是植物学家，我也不会特别记住某个植物的意义。我喜欢植物的
所有动机仅仅在于它美。就如同我活着的所有动机，仅仅在于，我要
省下更多时间来过想过的生活。

8- 花房

9- 卧室我支持"断舍离"：空调、时钟、
收纳盒、垃圾桶、榻榻米床具

10- 客厅的绿植

11\12- 工作室一角

8 9
    10
    11 12

如何成为乡野生活家

淡然

选择离开熟悉的环境，从来不是件轻松的事情。乡野有让人流连忘返的景色与记忆、人与自然和谐的生活关系，但那里也有很多现实的问题需要面对。我们回到乡下，从决定到筹备，从选址到建造，从落成到后续生活的一些问题，都在磨炼我们最初的决心。但生活是自己选的，我们走得一步一个脚印，特别踏实，特别安心。

不知道从什么时候起，开始有人叫我们"乡野生活家"。我印象深刻的是，有本杂志[①]曾经从乡野生活家的角度采访了包括我们在内的 27 位从城市回到乡野、内心却又不只住着乡野的人，将不同人在不同地方遇到的类似问题都呈现了出来。收到杂志后，特别欣喜，就像冥冥中多了好多朋友。一本好的杂志不正应该是一个有心又有趣的平台吗？让茫茫大地间相似的人得以相遇，让世界一隅的你感受到还有人和你一样坚持着某些东西。

---

① 《海峡旅游》2017 年 2 月刊。

乡野生活让人羡慕，但也不是每个人都敢羡慕的。我到现在还会收到很多留言，问我那么年轻真的就甘心待在山里？问我们难道不怕蚊虫叮咬？难道不孤单无聊吗？……

这些现实得不能再现实的东西，看似障碍，却也只是某个当下需要解决的问题。最怕的阻碍不是你可以提上桌面的困难，而是你不敢说出来的退缩与动摇。

乡野生活一年多，不算长。谨以我们现有的磕磕碰碰的经历，给愿意尝试乡野生活的人们些许建议。

一、你的决心有多大？

你为什么回到乡野？是跟风还是一直以来的心愿？

回到乡野，你很可能会面临一些争议，面临家人朋友的不理解，也很有可能会失去城市的一些资源。这些你都做好心理准备了吗？

二、你如何在乡野长久待下来？你愿意做哪些改变？

(1)

需要发自内心地喜欢大自然。乡野有蚊虫，也有很多你没见过的野生动植物，一方面需要做好相关的防护措施以及急救措施（比如被蛇咬了应该怎么急救）；另一方面，你要相信，人与动物真的是和谐共处的，就算是大家最害怕的蛇，只要你不主动侵犯它，它是不会咬你的。

1

有一次屋里跑进来一只田鼠，我们找了半天才抓到。一开始以为是老鼠，但越看越不像，黑土查了一下才知道是田鼠。它虽名字里有"鼠"字，但和家鼠不一样，并不会对人类健康造成危害，就放到田里去了。大自然有自己的一套游戏规则，既然选择回到乡野，就请尽可能遵守它的规则。

饮食方面，建议自己种植一些蔬菜瓜果。如果生活于乡野，却还是吃着买回来的蔬菜，那和在城里有什么区别？我们有时候会拿自己的食物和村民交换，这样既能与村民保持良好互动，还能吃到更多样的食物。

(2) ——————————————————————————————

需要尽可能多地掌握一些技能。不像城市的小区，很多事情都可以交给物业或有专门的维修工。在乡野生活，尤其是一开始，总会碰到比城市更多的麻烦，而乡村里的维修工之类的专业人员比较有限，且常常忙不过来。所以家里的工具箱最好能配备齐全的工具，同时需要掌

握一些基本的维修技能，比如木工、五金维修之类。

电钻、扳手、电锯，这些都是我们常用的工具，平时改造个挂钩、维修个水管之类的也比较方便。否则去县城找一个维修工，再等维修工排好时间，真正维修时几乎都要一周过去了。

(3) ——————————————————————————

需要适度入乡随俗。学会把自己当成当地人那样去生活。其实乡村的人都特别淳朴，你走在都市里和陌生人打招呼，人家会赶紧避开你，在乡村和陌生人打招呼，人家一定笑脸回应。

也许你说不了当地的方言，但是微笑和态度却是最棒的肢体语言。

黑土是诏安人，虽说诏安和我娘家安溪都是闽南县城，但是诏安由于靠近广东，所说的闽南话带着潮汕口音，和安溪、厦门确实有一些不同。我刚到乡村时，几乎是不敢说话的，因为怕阿婆们听不懂。每次单独遇见她们，听不懂她们说的什么，大概能知道是在打招呼，我就笑一笑摆摆手，阿婆们也特别高兴。

(4) ——————————————————————————————————

需要明确自己可以养活自己。回到乡下虽然生活成本会比城市低很多，但是仍然要确保有一份稳定的收入，否则很难实现可持续的乡野生活。

(5) ——————————————————————————————————

如果交通方便，环境足够好，资金和时间相对充沛，开民宿也是一种选择。如需雇工，一定要首选村里的劳动力，保持与村民的互动。另外也可以尝试发掘当地特色农产品帮助农民线上销售。

还有一种就是像我和黑土一样选择远程工作。他做他的软件工程设计，我做我的创作和艺术衍生品开发。无论哪种方式，最重要的还是你能从中获得快乐、成长与薪酬。

(6) ——————————————————————

需要对周边基础配套设施有一定的了解。医疗和教育其实是很多人回到乡野时需面临的两大问题。医疗方面，你需要了解距离你最近的卫生所、较正规医院的具体地理位置，以及紧急情况下采取什么样的交通工具才是最快的。教育方面，尤其需要提前考虑清楚，是否能够为子女的教育找到一个妥善的解决方法。很多回到乡野的人最后不得不重返城市，几乎都是因为小孩的教育问题。

我妈妈自学了中医，几乎成了我们的家庭医生。在日常的调理中，我越发觉得，生活在空气、水质都好的地方，做一份可以让自己心情美丽的工作，同时配合规律的饮食与运动，人是几乎没有机会生病的。

6 | 7

相反，哪怕你有最先进的医疗设备，可是生活压力、食品安全、生存环境等根本问题没有得到改善，身体也是吃不消的。

在小孩的教育方面，诏安本是书画之乡，黑土的母校诏安一中也是百年老校，所以我们倒不是很操心。其实，相比于校园的知识教育，我们更关心的是人格教育——如何帮助他（她）养成一个安全型人格，身体力行地陪他（她）养成良好的生活学习习惯，鼓励他（她）积极面对生活、独立处理事情……这样就算让他（她）一个人到大城市去求学，他（她）也可以过得很好。

我们有幸实现自己想要的生活，并一路互相打气努力维护我们的小日子。有时候会收到一份来自支持者的礼物，附有字条：谢谢你，你做着我想做却不能做的事情，加油哦！

好看的字体，温暖的字句，一扫雨季多日的阴霾。倘若可以通过我们回归乡野的尝试，让更多人看到生活的另一种可能，可以通过我的文字和镜头，让更多人感受到乡野的美好，那我们的尝试就更有意义了。

说了这么多，最最重要、最最难得的还是笃定的内心。

似乎过什么生活都不那么容易，似乎待在哪里也都有可能会觉得腻烦，那何不选择自己最喜欢的生活方式呢？

最难的是不知道想要什么生活。如果你很幸运，知道自己想过的是一种怎样的生活，那就请努力走下去吧。